【中国财富收藏鉴识讲堂】

蔡国声讲鸡血石

蔡国声 著

中国财富出版社

图书在版编目（CIP）数据

蔡国声讲鸡血石／蔡国声著．—北京：中国财富出版社，2013.12
（中国财富收藏鉴识讲堂）
ISBN 978－7－5047－4826－3

Ⅰ.①蔡…　Ⅱ.①蔡…　Ⅲ.①鸡血石—鉴赏—基本知识
Ⅳ.①TS933.21

中国版本图书馆 CIP 数据核字（2013）第 229472 号

策划编辑　李慧智　　　**责任印制**　方朋远
责任编辑　李慧智　　　**责任校对**　梁　凡

出版发行　中国财富出版社（原中国物资出版社）
社　　址　北京市丰台区南四环西路 188 号 5 区 20 楼　**邮政编码**　100070
电　　话　010－52227568（发行部）　010－52227588 转 307（总编室）
010－68589540（读者服务部）　010－52227588 转 305（质检部）
网　　址　http：//www.cfpress.com.cn
经　　销　新华书店
印　　刷　北京京都六环印刷厂
书　　号　ISBN 978－7－5047－4826－3/TS・0074
开　　本　889mm×1194mm　1/32　**版　　次**　2013 年 12 月第 1 版
印　　张　2.875　**印　　次**　2013 年 12 月第 1 次印刷
字　　数　70 千字　**定　　价**　32.00 元

前 言

中华民族是世界上最热爱收藏的民族。我国历史上有过多次收藏热，概括起来大约有五次：第一次是北宋时期；第二次是晚明时期；第三次是康乾盛世；第四次是晚清民国时期；第五次则是当今盛世。收藏对于我们来说，已不仅仅再是捡便宜的快乐、拥有财富的快乐，它还能带给我们艺术的享受和精神的追求。收藏，俨然已经成为人们的一种生活方式。

收藏是一种乐趣，但收藏更是一门学问。收藏需要量力而行，收藏需要戒除贪婪，收藏不能轻信故事。然而，收藏最重要的是知识储备。鉴于此，姚泽民工作室联合中国财富出版社编辑出版了这套"中国财富收藏鉴识讲堂"丛书。当前收藏鉴赏丛书层出不穷，可谓泥沙俱下，鱼龙混杂。因此，我们这套丛书在强调"实用性"和"可操作性"的基础上，更加强调"权威性"，目的就是想帮广大收藏爱好者擦亮慧眼，提供最直接、最实在的帮助。这套丛书的作者，均是目前活跃在收藏鉴定界的权威专家，均是中央电视台《鉴宝》《一槌定音》等电视栏目所请的鉴宝专家。他们不仅是收藏家、鉴赏家，更是研究员和学者教授，其著述通俗易懂而又逻辑缜密。不管你是初涉收藏爱好者，还是资深收藏家，都能从这套丛书中汲取知识营养，从而使自己真正享受到收藏的乐趣。

《蔡国声讲鸡血石》的作者蔡国声先生，现为文化部文化市场发展中心艺术品评估委员会副主任委员，中华民间藏品鉴定委员会副主任，北大资源学院、华东师范大学、上海师范大学等多所院校的顾问及特聘教授，中央电视台《寻宝》栏目特邀专家，河南电视台《华豫之门》特邀专家，上海电视台《好运传家宝》栏目鉴定专家，天津电视台《艺品藏拍》栏目特邀专家，《检察风云》杂志《鉴赏家》专栏专家，上海收藏俱乐部顾问兼专家组成员等。本书深入浅出而又娓娓道来，堪称目前国内鸡血石鉴定方面最具权威性的著作。

姚泽民工作室

2013 年 8 月

目录

第一章　昌化鸡血石浅说

在五彩缤纷、千姿百态的印石世界中，有一类非常特殊的印石，其石质细腻，色彩鲜红，若刚宰杀的鸡鲜血滴于印石之上，一滩滩，一点点，艳丽无比，这就是脍炙人口的鸡血石。

昌化鸡血石藕粉冰雕亭台楼阁摆件

高27厘米

一、昌化石

我们欲了解鸡血石必须先认识昌化石，因为昌化石是基础，是地张，是鲜红的鸡血赖以生长的地方，它的优劣对于鸡血石来说是至关重要的。

昌化石因产于浙江省昌化（今临安市西武隆）而得名。石质细韧，夹砂和石英小颗粒，常有尚未完全蚀变成叶腊石的硬质石块杂于其中，但偶然也夹杂质地细腻、幼嫩并呈现各种颜色的冻石。昌化石大多是各色参杂而生，主要是白、黑、红、黄、灰、豆青、天蓝、“荸荠糕”、“肉糕”、褐、黑褐、紫等各种颜色。白色者称“白昌化”，灰色杂黑色块状者称“黑昌化”，多色相间者称“花昌化”，或称“昌化根”；带有红斑的就称之为“鸡血石”或“鸡血红”。

昌化肉糕冻鸡血石原石

二、鸡血石的民间传说

鸡血石，亦称凤血石，传说是凤凰血变化而成，收藏它能带来好运，兴家避邪。

在鸡血石的产地浙江昌化玉岩山，流传着一个美丽的传说：在很久以前，玉岩山飞来了一对美丽的凤凰，它们的到来和幸福的结合使得玉岩山万物生辉，百鸟齐鸣，出现了满园春色的景象。可是美好的生活却被一对闻讯而来的凶狠的乌狮打破了，乌狮时时在寻觅机会，欲将凤凰变成腹中之物。它们时时窥测，总是没有下手的机会。终于有一天，当雌凤凰进入孵育期，而雄凤凰外出觅食之际，乌狮乘机向雌凤凰偷袭。雌凤凰勇敢地与之搏斗，被乌狮咬断了一条腿，血染红了玉岩山上的石头。最后雄凤凰归来，与雌凤凰一道，用它们的智慧和力量击败了乌狮。事后，

昌化十二都康山岭矿区景色

一对凤凰埋葬了被鸟狮残踏过的凤凰蛋，腾空飞去……而玉岩山上的凤凰血和凤凰蛋经过千万年的埋藏，也变成了今天的稀世珍宝——鸡血石。人们因凤血与鸡血形色相类似，故都以“鸡血石”呼之。如今，玉岩山旁的凤凰山和百花亭、鸟狮桥，即是这一民间传说的佐证。

昌化五彩冻鸡血石原石

昌化鸡血石元宝形原石

昌化羊脂冻鸡血石原石

清晚期昌化鸡血石方章

该章 8.4×2.8×2.8 厘米，品相极佳。其石质细腻，血色鲜活而淡雅柔和，犹如窈窕淑女，闺阁千金。地子为淡色调的藕粉冻，无钉、无隔、无杂质，是印材中的上佳品种，若奏刀其上能一任自然，随心所欲，如此良材，非老坑莫属。因其包浆不厚故定为清代晚期之物。

三、鸡血石是财富、智慧和权力的象征

据史料记载和实物的考证，昌化石资源的开采和利用——作为雕刻的材料或制成印章，始于明代初期，距今约有六百多年的历史。当时山民从露在表层的矿石中采得稀少罕见的鸡血石，打磨后，质地细腻，色彩晶莹，易于雕刻，使人爱不释手。报官进贡后，便受到统治者的重视，当地有因献鸡血石而得官者，称“玉石官”。明代以来开山采石大盛，鸡血石和鸡血石章闻名海内外。又有记载：公元1784年（乾隆四十九年）清乾隆帝下江南巡视至天目山，天目山住持献8厘米见方的鸡血石一方，乾隆皇帝将其刻上“乾隆之宝”并题诗，现保存在北京故宫博物院的珍藏馆内。

明清两代经过加工的鸡血石印章和产品，都作为上层社会彼此馈赠的珍贵礼品，以示炫耀，并引以为自豪。鸡血石含有天然

昌化鸡血石大红袍《九龙璧》摆件

该摆件22.5×10.5×49.5厘米，形态硕大，满身鲜红，不留地子，殊为难得。上雕有九条火龙，互相盘绕腾空而起。雕刻细腻，利用工艺布局和雕刻技法，将鸡血石材料中的隔和杂质地子等都一一去净。

该摆件的血以满为胜，鲜红有余，但滋润不足，所以虽经能工巧匠们的独运心机，然留在石中的丝丝细裂纹，还是隐约可辨，尚感不足。

该摆件的座子先用黄昌化石作海浪，再以黑色的萧山石作底座，层次分明。

的朱砂，朱砂在道教学说中可炼丹，有驱邪功能，百魔不侵，所以拥有鸡血石可以驱魔迎祥，镇宅定居，深受皇室官宦和上层社会的欢迎。1972 年日本首相田中角荣和外相大平正芳访华，我国政府赠送给他们每人一对鸡血石章。日本人一向重视鸡血石，田中政府对这一礼物十分满意，回国后大加宣扬，更加激起了日本各界对鸡血石艺术品的收藏热潮。鸡血石除了代表财富，更代表了权力与智慧。

老坑昌化鸡血石《火焰山》摆件

该摆件 18.5×12.8×6.5 厘米，石料很大，鲜红浓艳的血，几乎满布于一侧的表皮，虽然血的厚度不够，但有深浅有动感，地子显棕色，质纯净无钉和杂质。作者利用鸡血的鲜红色泽雕成烈焰冲天的火焰山，山顶有孙悟空、牛魔王、铁扇公主及二丫环等一组人物，表现出了唐僧一行西天取经，克服重重艰难险阻，路过火焰山收服铁扇公主、牛魔王的情景，形象生动，将鸡血色彩表现得淋漓尽致。

老坑昌化鸡血石《潜龙运转》摆件

该摆件 12×8.4×4.2 厘米，鸡血山子上的血生长在白色透明的冻地之上，血量大，有深度，由山子的内部至外部层层透出，状如烈焰腾空。在红色烈焰（鸡血）中刻有几条白色的潜龙飞腾穿梭，设计得非常的巧妙，充分体现了中国道家思想，这就把该鸡血山子摆件的思想性提高到了一个新水平。尽管该鸡血石血的浓度和鲜艳度还嫌不够，但经此构思与雕刻，再配上一老红木的底座，就变成了一件珍贵的艺术品。

昌化鸡血石《深山悦情》摆件

该摆件 32×22 厘米，血色腥红，浓艳非常，并夹杂有黄黑等诸色，血层并不很厚。还有些许断裂纹，有的可能是开采时使用炸药，石受震所产生的裂痕。作者充分利用鸡血石的天然巧色，运用深雕、浅雕、镂空雕等种种艺术手法，刻出高低起伏的山林和隐于林木中的草舍亭屋，层次井然，不禁使人想起唐人“空山新雨后，天气晚来秋”的诗句，秋山枫叶，层林尽染与鸡血石的色彩相映成趣。经工艺家的精心设计雕刻，该鸡血石身价倍增。

昌化鸡血石《春风得意》摆件

55×60厘米　福州福亚工艺品有限公司藏

昌化鸡血石《麻姑献寿》摆件

31×42厘米　福州福亚工艺品有限公司藏

昌化鸡血石《女娲补天》摆件

24×38厘米　福州福亚工艺品有限公司藏

老坑昌化鸡血石《松鹤延年》摆件

该摆件不大，但坑口极佳，血色鲜红，血量亦大，红、凝、活、厚的特点俱备，尤其是它的地子细腻而透明，可用“玻璃地”称之，可谓绝无仅有。

该摆件雕工精细，多利用无血的地子作松树、云彩，留出大块面积的血作山石，给人们以丰富的遐想。

该鸡血摆件的底座选用有色的豆沙青田和白果青田(亦称封门青田)，亦施雕刻于其上，数色相映成趣，更显娇美。

老坑昌化鸡血石《松竹梅》摆件

该摆件 10.2×16.4×5.3 厘米，艳丽沉着，肉糕冻地亦纯净无杂质，血的部位大，浓度高，且层次浓淡分明，作山岩的斜坡，很自然。在带隔和杂质的部位，作者巧施手段作竹林新篁，山顶刻松树，山腰有梅花，并利用肉糕冻地刻成冰柱来衬托梅花，如毛主席诗句中的“已是悬崖百丈冰，犹有花枝俏”，给人以回味和想象。

“松竹梅，岁寒三友”，是常见的工艺题材，而该鸡血摆件巧用色彩，精细布局，刻意奏刀，本身就是一件好作品，加上鸡血珍贵，价格不菲。

第二章 昌化鸡血石的品评

昌化鸡血石是中国特有的一种名贵矿产。它的主要成分是以一种含辰砂的地开石、高岭石、叶腊石等黏土矿物为主组成的天然结合体。一般通称其为叶腊石与石朱砂矿脉共生的天然石矿。

清中期昌化鸡血石椭圆章

该章 2.6×6×5.5 厘米，血凝、浓、厚、鲜、活，章的中心部位血量大，血自印章顶至底部仿佛像一根擎天血柱，石质凝练厚重，地子如麦糖糕冻，亦细洁无杂质和钉、隔，表皮有一层包浆。但血色稍干，欠滋润，地子亮丽不够。我们从该章的坑口、包浆、篆刻诸方面来判断应是清代中期之物。

一、鸡血石用途的演变

昌化石的质地和颜色多种多样，各个时代的出产也不相同，其中的优劣相差悬殊。清代康熙至乾隆年间，出产黄色和天蓝色的杂生印石；道光时出产豆青色印石，纯净者极少。而我们平时最容易见到的一般昌化石，称之为“昌化根”，诸色混杂如暗黄、赤、粉白、黑等色，均不透明，印材较大，多含砂体和石英颗粒，硬度不一致，这类印石多属矿脉中紧靠围岩的部分。

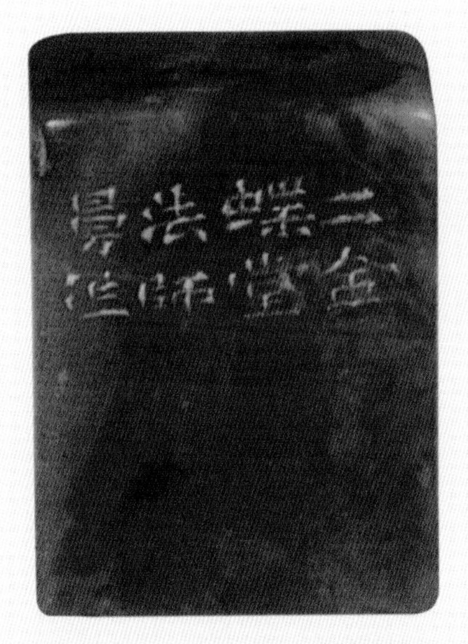

清中期昌化藕粉地鸡血石短方章

该章 2.6×2.6×3.7 厘米，品相上稍嫌短了一些。地子色如煮熟了的藕粉，细腻、纯净、凝练、润泽、有动感，但色偏暗一些，该类地子十分罕见，必为老坑所产。同时在其上结成的硫化汞鸡血，色亦必然上佳。所以该章上的血鲜、凝、厚、活俱备。印章上的边跋文字“二金蝶堂法师曼作”。应是篆刻家“师曼”仿清赵之谦的章法、篆法和刀法的作品，并且连边款亦像。（注：二金蝶堂主人即赵之谦）

清中晚期昌化鸡血石大红袍椭圆章

该章4.2×1.8×8.6厘米，整个印章全部红色，不露地张，无钉，无隔，无杂质，软地，十分难得。印章左右两侧血红的颜色有阴阳深浅，左边一半血色散而清，右边则浓，几乎是印章的对半分割。印章的表面有包浆，弧形的“和尚头”印顶品相较好，应是清代中晚期的鸡血石印章。

该印章的血色还稍干，如果血和地子再稍透一些、冻一些则更完美。

近代著名学者常任侠先生曾说：“这鸡血石初问世时，人们并不多重视。倒是外国人常拿其中红的部位镶戒指，这也主要是在东南沿海一带。可是近代鸡血石成了印材中的霸主，好鸡血石的价格不让田黄。”的确，鸡血石在明代早中期，人们是喜欢将它切割成小块做成头饰、耳坠、胸前的锁片等，然而鸡血石毕竟太嫩，时间一久表面必然会起毛失光，同时血色也会变暗发黑。所以，后来鸡血石作为饰物便逐渐地被淘汰。

明末以后鸡血石都是作为印章材料而出现于市场的，因为这种石料稀有珍贵。天然的鸡血石色彩鲜红，再加上变化多端的“地

清晚期昌化鸡血石方章（二方）

二方印章每方约在8.8×2.5×2.5厘米，老坑鸡血，印章有包浆，血凝聚不够，显得散淡，且有一股“黄气”，尽管是老坑软地，但间隔有杂质和“钉”。因硬度上的差异，故此二方章打磨不易，印章的边线不直，侧面不平，印章的头呈不规则形，品相就嫌不足了。

张”作为衬托，本身就是自然界的美丽图画，再经切割打磨精到后就是一种名贵的艺术品，无须再作任何人工的雕琢。我们知道佳石必须觅良工，经过良工的雕刻后才能更加高一层次地展现佳石的风采，然而鸡血石的色彩，形态变化太多，捉摸不定，就是良工也很难施展其因材施工的技艺，所以历来好的鸡血石都不加雕刻，以做素印章的材料为宜。可以这么说，凡是经雕琢的鸡血石，我们就要注意，因为其中许多雕琢都是为了遮盖石材本身的疵病而进行的，只是为了掩人耳目而已。只有当鸡血石的石料太薄，不足以裁成印章的时候才例外。

清晚期昌化鸡血石六面血方章

该章1.6×1.6×7厘米，品相较好。血量多，除章的底部血稍少之外简直可以“大红袍”称之。血凝、厚、活、聚，结构和布局亦非常美丽。软地，印章近底部露出的地子为黄冻地，而在印章中心部位露出的地子却有夹砂杂质，有“煞风景”之感，血色稍干、暗，不够滋润，在血的表皮细观之有闪亮小点。该章有薄薄的包浆，应是清代晚期之物。

二、鸡血石的品评

我国著名的书法家、篆刻家邓散木先生在其所著的《篆刻学》一书中指出："鸡血石其品之高下，则在血在地。"因此对鸡血石的品评，首先是血。

论血的品位高下与优劣情况应从血色、血形、血量三方面来阐述。

血，是昌化石地子中所含有的红色斑块和斑点。血的红色要恰如刚宰杀的鸡流淌下来的鲜红淋漓的血，其中要害是个"鲜"字，指的是"新鲜"和"鲜红"。若血隔日持久，其色必变暗，之后渐成紫黑，如做成鸡鸭血汤之血色，身价便会大跌。鸡血石的红色可分为鲜红、嫣红、深红、紫红等色阶，以鲜红为贵，嫣红次之，其他依次排列等级。品评血色还应掌握"凝、厚、活"三个字。凝者，聚而不散，有块面，而不是星星点点的散血；厚者，血有厚度、有层次、有深度，而不是薄薄的若血纸一张，稍磨即逝；活者，有灵动的感觉，也可以说"活"是血的生命，当然这种灵动不是流水般的动感，而是若熔化的岩浆，如烧熟的藕粉，状如凝练的动感，悠悠凝动如有生命，其感觉是浑朴、厚重、古拙，这就是"活"。反之，倘若血色一"死"，血的生命也就完了。只要是死血，可以说绝大多数都是人工补上去的"假血"。

血形可分块血、条血、散血、点血四种。如有二至三种血形自然地结合于一体，血色、血形俱佳，花纹奇特，可构成自然风景和图案者，倍有收藏价值。

血量是带血的部分在成品石质中所占有的百分比的含量。鸡血石生长在形态多样、变化万千的地子上，其中有满地皆红，不露地子，即无地子作为衬托的，材料罕见，世称"大红袍"，也叫“六面血”（方形印章六个平面），其珍贵无比。此外还有条红、块红，即条状和块状的红色，嵌在地子中犹如鸡血流出，很有动感；斑红，有密有疏，星星点点，红色如斑，若血溅落在地子上面，别具一格；霞红，石质中含有极细的红点，一片片组成，如天际朱霞，若天女散花。血的总量在印章中大于百分之三十的称高档品，大于百分之七十的为极品，如达到百分之九十的，则是罕见的“大红袍”鸡血。

其次对鸡血石的品评，是地子。

地子也叫“地张”，指的是血凝结在什么样的质地和颜色的石头之上。地子既代表了鸡血石的质地，又对血的鲜艳程度起到了映衬的作用，好比不同肤色的人穿什么样颜色的衣服对他们来说更加精神和漂亮。所以对鸡血石的品评，地子也是一个至关重要的因素，地子好就是指温润而无杂质，色纯净而柔和。地子好不但能把鸡血衬托得更加艳丽，而且适宜“养血”（血在滋润柔和的地子中得到养息滋补）。

地子有多种类型，主要根据它的质地成分、透明度、光泽度和硬度来划分，归纳起来有冻地、软地、钢地、硬地四大类，以冻地为上品。依次排列为：

1. 冻地鸡血石。其主要成分是地开石、高岭石组成。具有强蜡状光泽，微透明或半透明，硬度二至三级。根据冻地颜色又可分为单色冻与杂色冻两类，以单色冻为佳。按颜色划分。主要有下列品种：

（1）白冻鸡血石。地为白色，半透明到透明，又分为羊脂冻鸡血石，为珍品，具有油脂光泽，半透明，白似胶脂，洁净无瑕；乳白冻鸡血石，蜡状光泽，微透明至半透明；瓷白色鸡血石，低档鸡血石，质地似无釉瓷器，近于土状光泽，多不透明。

（2）乌冻鸡血石。透明度高，近于无色或带青灰色，为鸡血石中的上品。牛角冻属于此类。

（3）黄冻鸡血石。褐黄色到蜡黄色，半透明。

（4）灰冻鸡血石。绿灰、蓝色、灰色、灰黑的变种，微透明到不透明，为中档品。

（5）红冻鸡血石。红、粉红，微透明到半透明。

（6）绿冻鸡血石。苹果绿色，冻感差，不透明，因主要为伊利石，辰砂含量少，常达不到工艺要求。

（7）紫冻鸡血石。淡紫色，不透明，含石英颗粒较多，品级低。

（8）彩冻鸡血石。多种颜色共存，花色各异，变化多端，为鸡血石中的常见品。颜色和透明度及质量差别大。

过去人们在应用中，惯以冻中之白色半透明“羊脂冻”和黑色半透明“牛角冻”为上品。而事实上黄色半透明“蜜腊冻”和灰色半透明“藕粉冻”及带粉“桃花冻”亦非常少有。而杂色冻中上品稀有者当属“刘关张”。

昌化鸡血石《王中王》摆件

30×58厘米　福州福亚工艺品有限公司藏

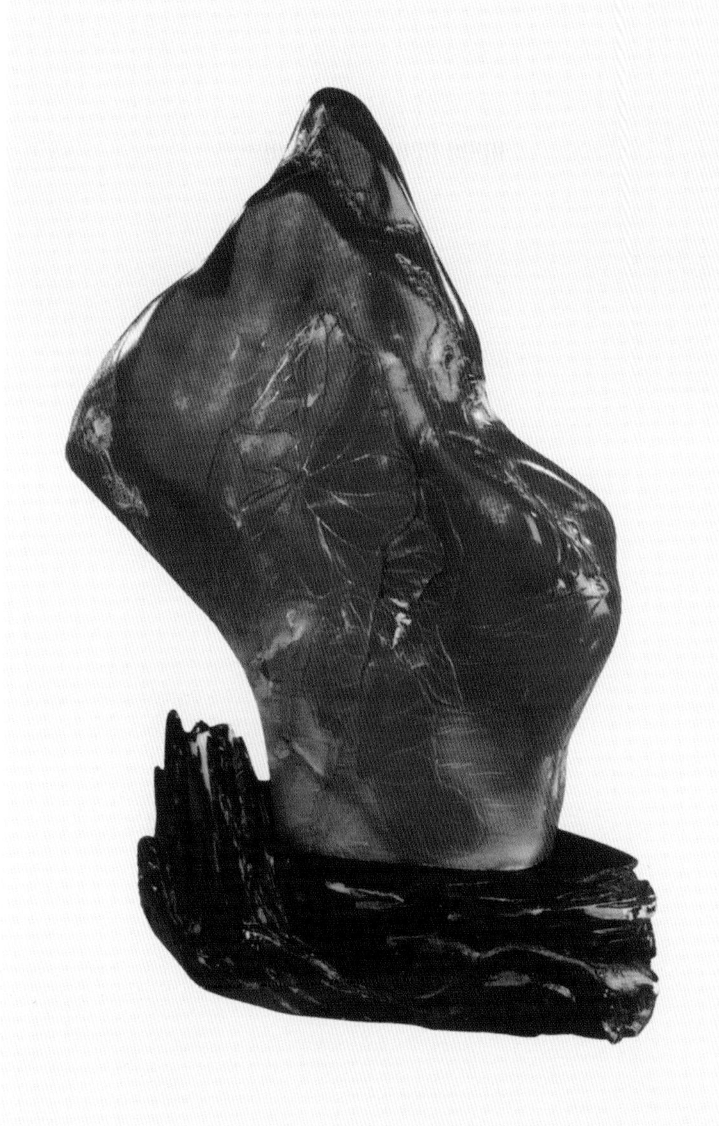

昌化鸡血石《水映花红》摆件

13×18厘米　福州福亚工艺品有限公司藏

清晚期昌化鸡血石六面血方章

该章2.8×2.9×10厘米，品相极佳，方正无暇，六面都有血，血色鲜艳，有厚度，有层次，活而有动感，如从天而降的血雨，一点点的非常醒目，值得赞颂的是在血的表皮有一层银光闪烁，这是血中硫化汞泛铅的现象，即含在汞里的铅泛现到表皮。

该章的地子为灰黑色冻地，偶间有小块的白色，亦纯净无钉隔杂质。应是老坑，清晚期之物也。

2. 软地鸡血石。其主要成分为地开石、高岭石和明矾，有弱腊状光泽，微透明或不透明。硬度 3 ～ 4 级。软地颜色的各类与冻地相同，分单色软地与杂色软地两类。软地是鸡血石中最多见的品种，产量占整个产量的百分之七十左右。

3. 钢地鸡血石。俗称“钢板地”，主要成分为弱或强硅化的地开石、高岭石和明矾石岩。颜色为褐黄色、粉红白色，微透明；其中又可分为软钢板与硬钢板两种。前者硬度 3 ～ 4 级，后者高于 5 级。钢地的质地细润具有玉质感，较为人们接受，但其最大的弱点是受不得温差变化与震动，否则石便会出现脆裂的现象。

4. 硬地鸡血石。成分为硅化凝灰岩，颜色以灰白与白二色为主，硬度七级，俗称“硬货”和石灰地、水泥地。

按传统的观点，钢地、硬地鸡血石均系低档品，有的只能去炼汞，不能做印章。而如今在鸡血石蕴藏量越来越少的情况下，该二类鸡血中的血色鲜红和分布独特者亦成了工艺雕刻中的好原料和收藏者手中的佳品，因硬度的关系，只能以玉雕的方法来制作。

鸡血石中鲜红的鸡血色泽，乃是硫化汞的化合物，硫化汞长时间受热和暴露在阳光下，表面层便会氧化，鲜红的色彩就会发黑变暗。像干了的红油漆一样“趴”在石面上，这样血色便“死”了，没有了生气，价格也随之下降。这时就要把表面的氧化层磨去，使之显现其鲜红血色的本来面目。

三、鸡血石的坑口

昌化鸡血石，矿脉难寻，开采困难。古代的开采者为了开掘出这些稀世珍品，先是在海拔一千多米的玉岩山陡壁悬崖之中，开出大小不一的矿洞，如发现有紫红色斑点或条纹的山石，即架起木柴烧至高热，然后猛泼冷水；使岩石迸裂，再以铁锤锤之，以出石料。据《昌志备考》记载：过去康山岭的岩壁上布满了各式各样的矿洞，有狮子洞、关牛洞、双龙洞、黄洞、赤洞等。现在矿区已经废除旧洞，增开了新洞并冠以编号，如一号洞、二号洞等，洞的坑道深浅不一，有的深达一百多米。鸡血石有老坑、新坑之别。老坑者颜色鲜明，地张活，多半透明。产于玉岩山主峰附近地带，水头较足，也称"水坑"。水坑鸡血石以血色鲜浓，质地细润而著名，又分羊脂冻和牛角冻等。新坑大多不鲜艳，质地尽管亦有半透明，但美感不及老坑。因含杂质较多，透明度差，

明坑藕粉地昌化鸡血石长方章

该章5.8×2.6×1.4厘米，血色艳丽醇厚，鲜红而有动感，有厚度，凝聚不散，地子如烧熟的藕粉，凝练厚重如有黏性，无杂质、无钉、无隔纹，自然的圆弧状印顶（俗称和尚头）简洁得体，不伤材料。

该章包浆很厚，质地细腻，当是数百年前坑口的鸡血石，"火气"尽退，毫无温爆之感，在该印上奏刀治印，可纵横驰骋，随心所欲，至今已是不多见的老坑昌化鸡血石章了。

老坑昌化鸡血石大红袍对章

这是一对十分珍贵的鸡血石对章，所谓“大红袍”，即满身是血，几乎不留地子，它与“六面血”章的不同之处是血的多少。“六面血”只是六个平面都有血，并不说明血的多少，该对大红袍方章，血色鲜红，若从刚宰杀的鸡身上滴下，“活”而有动感，有厚度、有层次，细洁凝练，无钉和杂质，在少许露出地子的地方，色如藕粉和花生糕，价值连城。

水头不足，也称“旱坑”。“老坑”开采早，已有六百多年的历史，曾出产过不少的珍品鸡血石。如今“老坑”资源已近枯竭，市场上所见的多为“新坑”所产。

大抵清代中期以前开采的为老坑，质细且糯，血鲜而沉浑，地子有藕粉冻、黄冻、乌冻、蜜糕冻等。老坑中的“大红袍”乃稀世之宝，价值连城。俗称“刘关张”的也是老坑中的著名品种，就是借“三国”戏中蜀国的刘备（白）、关羽（红）、张飞（黑）三个人的脸谱颜色命名的。老坑多系冻地和软地。新坑质地复杂，多有钢地和硬地，不鲜明。老坑新开也称新老坑，间于新坑和老坑之间的特点，将它与老坑相比血不够凝练、沉浑，地子的质地亦不够糯，当然与新坑比较则是有过之而无不及了。

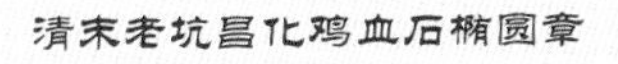

清末老坑昌化鸡血石椭圆章

该章 7.5×1.4×3 厘米，椭圆形，品相亦可。地子细糯呈白中带灰色，无钉和杂质，可惜印章的中部有几条隐隔。

该章血量不多，色也淡，仅占印章的顶部一个区域。却如烟霞满天，自有一番风情。

印章有楷书边款“复公方家教刻辛酉初冬　单晓天”辛酉系 1981 年，单晓天是上海地区的著名书法家（师承邓散木），于 20 世纪 80 年代后期逝世。

昌化鸡血石，历来视为珍宝，除色泽艳丽，材质优良外，还因为它的独一无二，产量中佳品稀少。老坑鸡血石其血鲜艳，虽经数百年的沧桑变化，只要保存妥善，仍不失其原来面目，这说明昌化鸡血石的硫化汞氧化变色的速度慢。保存妥当的老坑，其表层增加了一层自然的“包浆”，似乎多了一层保护膜，使硫化汞的色彩保持不褪。这类鸡血石不仅是浙江的特产，而且也是中国所特有。其他地方所产的鸡血石是不能望其项背的。

在昌化，鸡血石也只蕴藏在玉岩山腰金鸡山旁一段不大的地段中，到目前为止，其他地方都未发现。即使在这一段里也是罕见之物。1977 年有某工艺美术雕刻厂在开采的一万二千吨粗矿石中，竟选不出一块比较像样的鸡血石，可见其取材之艰难，得之非易。

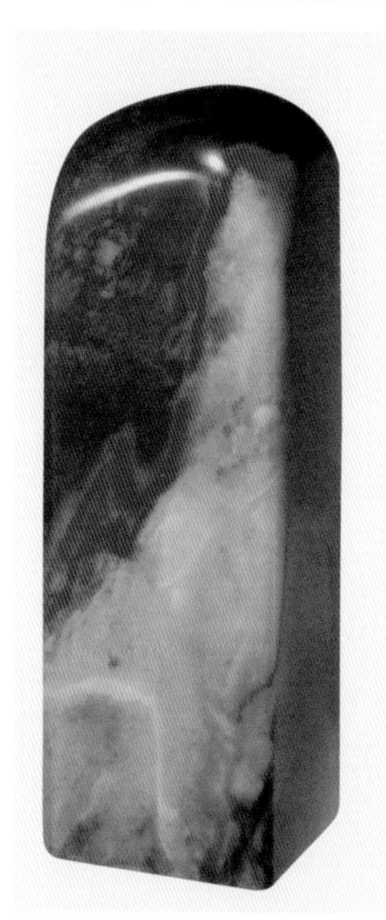

昌化圆顶青地“刘关张”鸡血石方章
1.7×1.7×5.1厘米
福州福亚工艺品有限公司藏

老坑昌化鸡血“刘关张”长方章

该章石质十分细腻，呵气成晕，手握出水（珠），难能可贵。色艳丽，大致分红、黑、黄（白亦可）以京剧三国演义中关羽、张飞、刘备的脸谱色彩命名，尤其是鸡血的红色有厚度，造型奇特，中心部位如蘑菇云，旁边红色淡雅若飞虹彩霞，无钉无杂质，整方印章体现了一个“纯”字。

昌化牛角冻鸡血石三方套章

该套章三方，中间一方略大，左右二方稍小。黑牛角冻地浓淡相间，纯净、细腻、无钉、无杂质和隔纹，据昌化产地的石农介绍在该类黑牛角冻地上长出的鸡血都比较好，鲜、红、浓、活、凝、厚，往往各种优点俱备。所以当地对于牛角冻地的鸡血石售价都比较高。

该套章血的形状优美，三位一体，组成天然的图画，可分可合，十分难得。其底座用黄昌化冻雕成的如意头式样，玲珑剔透，亦系良工。如意头的中心部位有大篆刻“宝藏”二字，对于上面的鸡血石套章作了概括的评论。

老坑昌化鸡血石对章

该对方章2.1×2.1×9.5厘米。这是一对绝佳的新坑昌化鸡血石对章，其血鲜红欲滴，浓艳非常，血形如一对蟠龙腾空（亦可谓“天马行空”）成双成对，血凝、鲜、厚、活，地子大多纯黑而冻，细腻无杂质，无钉亦无隔。章的底部稍露白色，所以有红黑白三色相间，可用“刘关张”来比拟，从鸡血对章的质量、血色、品相等方面来衡量，这是一对十分珍罕的鸡血章。

新坑昌化鸡血石大红袍对章

该对鸡血方章 2×2×10 厘米，也是一对非常珍贵的鸡血石章，鸡血鲜红欲滴，本身就是一幅自然的美丽图画，无须任何的雕琢，若再在该对方章上施加雕琢，首先是失血量大，其次任何良工的工艺手段施于其上都会如佛头著粪，效果适得其反。

该新坑大红袍与老坑大红袍相比，凝、活、厚有差距，同耐新坑的地子也“生”。当然老坑价格高于新坑。

第三章　巴林鸡血石

无独有偶，在我国内蒙古赤峰地区巴林右旗的采石矿里也发现了昌化鸡血的异种——巴林鸡血石（也称内蒙古鸡血石）。据说，在20世纪的40年代，巴林鸡血石被发现，并开始了少量的开采，商人们往往充作昌化鸡血石来出售。至20世纪70年代，内蒙古巴林石矿建立，在大规模开矿时，偶有鸡血石渗杂在矿石之中，亦不被人们所珍视。1978年以后，巴林鸡血石才初露头角，以其温润的质地，鲜艳的血色，适中的硬度和清晰的纹理，引起了印石界专家们的兴趣。巴林鸡血石也属硫化汞的化合物，血的色彩艳丽，尤以石质的地子好，一般呈半透明，血和地子相映成趣，非常的美。但巴林鸡血石从整体上来说，其性质、产量、鲜艳度、稳固性和昌化鸡血石相比均相差许多。二者在价格上比较，昌化鸡血石应是巴林鸡血石的几倍（在质量、大小基本相同的情况下作比较）。

巴林鸡血石
5.2×4.5厘米

巴林鸡血石《九龙献宝》摆件

22×25厘米

巴林凝墨地鸡血石自然顶长方章

2.5×4×8厘米

一、巴林鸡血石的特征和品级

首先，我们从矿脉的结构上来看巴林鸡血石和巴林石一样都属于脉状结构的矿石，与昌化鸡血石相似，巴林石也由地开石、高岭石、辰砂和赤铁矿组成。其中红色脉体中，电子探针分析，辰砂矿物含量仅 2%～5%。正由于这个不到 5%的辰砂呈浸染状分布于细粒的地开石基质中，使其显现出大片的红色。与昌化鸡血石不同的是，巴林石见光后颜色常变为暗红色，且鸡血的分布呈脉状。据陈志强（1993 年）的研究，巴林石的鸡血，即辰砂中含较多的光敏元素硒、碲，采出见光后，因硒、碲迅速氧化，形成暗色的氧化物致血色发暗。郭继生等（1996 年）则认为，昌化旱坑鸡血石也较易“走血”变暗，其原因是存在液态汞，在偏酸性和氧化环境下，单质汞形成黑辰砂（HgS）的缘故。

巴林肉糕地鸡血石方章

巴林鸡血石零星地散布于巴林冻石及各类彩石的矿体之中，质地的变化较昌化鸡血石来得丰富。相比之下，它的产量和开采时的难度均要比昌化石来得多和容易。巴林鸡血石的性质和巴林石一样，质地虽不及昌化石细腻，但近于寿山石，坚而脆，含水量较高，所以许多石料均呈半透明，谓之冻。

巴林鸡血石的品级质量，主要也是从血的多寡，色泽的浓淡清浊，鲜活的程度，地子的粗细、纯杂等几个方面的因素来衡量。凡巴林冻石中含鸡血者，称巴林鸡血冻，品位高于一般巴林鸡血石，较稀罕难得。巴林鸡血石之佳者，地子的质地晶莹，颜色粉嫩、娇艳，似乎吹弹即破，也有如“飞燕之肤，玉环之体”，入手使人有心荡之感。

现在昌化鸡血石矿已近枯竭，巴林鸡血石则起到了承前启后的作用。

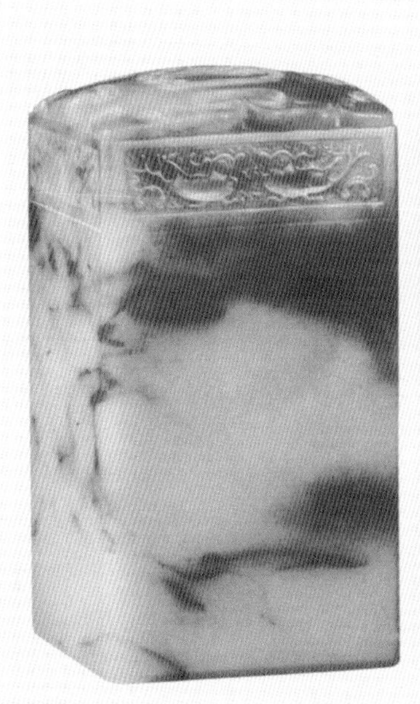
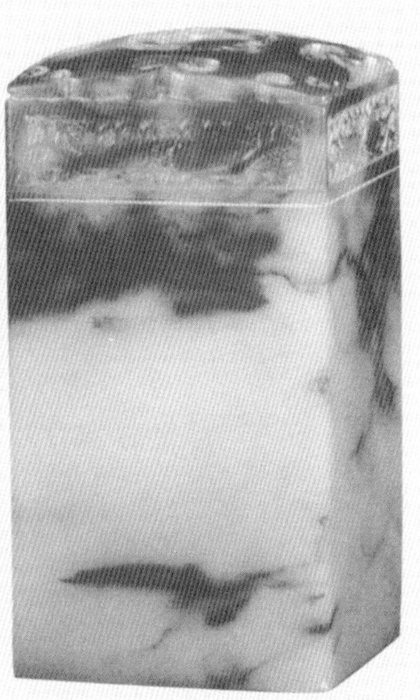

巴林白玉地鸡血石浮雕博古钮对章

3.2×3.2×6厘米

巴林鸡血石《双龙戏水》摆件

26×30厘米　福州福亚工艺品有限公司藏

二、巴林鸡血石的收藏

先说说巴林石的收藏。正因为石中的含水量比较高，因此切割打磨好的石材如果表面上不用蜡封住石肤上的“毛孔”，把它妥善存放，而是长时间地放在室外通风处，有的石材中的水分就会挥发，石材也因之出现了裂纹，这是很可惜的。

巴林石的收藏，可以将石章的雕刻品（指中、小件），经常放在手掌中摩擦或在脸额、鼻梁上擦拭，以人气及皮肤上的油脂和热量对石进行养护和滋润。久而久之，石的表皮就会形成一层薄薄的保护层，俗称“包浆”，保护层使石肤与外界的空气、温度、湿度隔离开来，那么，此时的石性就渐渐稳定下来，不会再出现裂痕了。这个保养期往往需要三到五年的时间。当然也有人用“速成法”养护——将石章浸放在无色无香的石蜡油里，受油长时间的浸润渗透，石亦不会开裂，并且原来隐在石之表皮的细裂纹亦会“消失”。但是，一旦从油中取出，隔不了多久，裂纹又会出现。这种养护法不能持久，同时，欣赏起来手上油滋滋的，使人雅兴俱失。只有取短期行为的商人，石头一脱手便不认账，才会取这种办法。

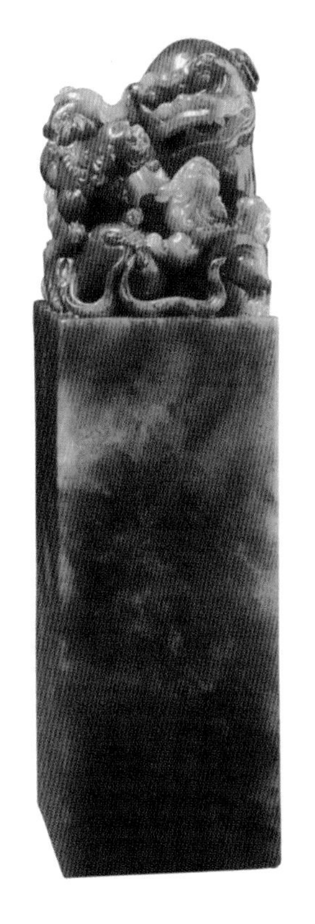

红花巴林三狮钮方章

4.1×4.4×15.2厘米

巴林鸡血石《豹》摆件

15×21厘米　福州福亚工艺品有限公司藏

巴林鸡血石的养护。因为巴林鸡血石易氧化变黑，尤其忌摩擦受热，所以第一种的收藏法对它不适宜，而第二种的油浸养护终不会有“包浆”出现，而且油浸太久还会影响石色。所以目前对巴林鸡血石的收藏还没有找到更好的办法。

有一部分专家学者对巴林石和巴林鸡血石倍加推崇，他们说，巴林鸡血石“天生丽质难自弃”，在地下沉睡了上亿年，终于来到了人间，可到目前为止，它尚属“养在深闺人未识”的阶段，然而它的至善、至美，千灵万秀之质是最为可人的。他们认为，之所以众口称誉“昌化鸡血石佳”者，大致分为三种情况：第一，是受先入为主思想的影响，因为昌化鸡血石有六百多年的开采历

巴林鸡血石《神驼献宝》摆件

25×28厘米　福州福亚工艺品有限公司藏

史，并有相当的名望，巴林鸡血石则还属初露头角。第二，这些人只见过昌化鸡血石的佳品，而没有见到过巴林鸡血石的佳品，用巴林鸡血石的中下品与昌化鸡血石的上品相比较，以偏概全，得出了错误的结论。第三，有些人不懂鸡血石的保养知识，将血变色的原因归罪于石质。其实，昌化鸡血石收藏不当也会变色。如发现血色变暗，便可以用石蜡油浸之，数日后鸡血之色仍鲜艳如初。

三、巴林“紫鸡血”石

1986年以来巴林右旗出产了一种鲜为人知的“紫鸡血”石，是巴林鸡血石中的一个新品种，其“紫鸡血”乃黑辰砂所致。黑辰砂分布在石的肌理之间，形成紫红色的花纹。巴林“紫鸡血”石与传统的巴林鸡血石不一样，传统的巴林鸡血石之血最怕紫外线照射，实验证明日照数月之后，平均有60%的鸡血石都有不同程度的褪色和变色现象，很少有经照射后仍保持鲜红如初的鸡血纹的。相对来说，“紫鸡血”石的化学性质优于红色的鸡血石，色泽比较稳定，产量也比红色鸡血石的产量少得多，石质亦细腻，是雕刻的优良材料，尽管目前人们对紫鸡血石还不甚了解，或者从心理上说觉得还比不上红鸡血石，但从长远的、发展的眼光看，紫鸡血石的收藏潜质会不断地增加，将与红色的鸡血石相媲美。

此外，巴林的鸡血石中，也有一种被称之为“刘关张”的石品，即由石体中红、黑、白（或黄）三色构成条纹，与昌化的鸡血石一样，不过，它的石性是属于巴林石的范畴。

从客观上说，昌化鸡血石的数量要比巴林鸡血石少得多，而血色的氧化速度又慢得多。昌化鸡血石质地的矿物组合复杂，性坚韧，常含少量杂质。巴林鸡血石矿物组合单一，性嫩易裂。巴林鸡血石中，感光元素（Se、Te）含量高，日光照射容易变色。

巴林“紫鸡血”石方章

该章2.4×2.4×8.5厘米，其黑辰砂的部分，呈赭紫色，地子灰白带冻，互相映衬如云似雾，变化万千，本身就是一幅大自然中的美丽图画。该章的背面呈姜黄色，所以紫、白、黄三色相交，虽然也可用京剧脸谱中的哪位人物来比拟，但总不如“刘关张”那么著名和贴切。

该章的质地相当细腻，以刀试之超过其他色彩的佳质巴林章，可以纵刀驰骋，因而是优秀的印材，同时黑辰砂性质稳定，一般不会变色，作为印材，该“紫鸡血”的经济潜质很大。

四、昌化鸡血与巴林鸡血的比较

我们再把二者的血来比较：首先，昌化鸡血佳者鲜、活、凝、厚，甚至整个石章六面是血；而巴林鸡血无六面血者，多数血的分布呈一丝丝的血筋状，纵横交叉，散而不聚，且极易氧化发暗，必须经过处理，血的红色才又显露出来。此外巴林鸡血石还有一种血色淡净，不鲜不浓，若粉红之色凝结在蛋青色、半透明的地子上，若桃花红和彩霞红，这是昌化鸡血中没有的。

其次，昌化新坑鸡血石多杂质和钉，不易雕凿；而巴林鸡血石和巴林石一样无钉和杂质，都是制印材和工艺雕刻品的优良材料。

昌化鸡血石《长城颂》摆件

35×33厘米　福州福亚工艺品有限公司藏

昌化鸡血石《群龙戏珠》摆件

24×31厘米　福州福亚工艺品有限公司藏

昌化鸡血石《丝绸之路》摆件

18×16厘米　福州福亚工艺品有限公司藏

昌化鸡血石《金钱豹》摆件

16×20厘米　福州福亚工艺品有限公司藏

巴林鸡血石《龙宫取宝》摆件

30×31厘米　福州福亚工艺品有限公司藏

巴林鸡血石《南海观音》摆件

71×60×33厘米　福州福亚工艺品有限公司藏

昌化鸡血石《九龙献宝》摆件

43×36.5×28厘米　福州福亚工艺品有限公司藏

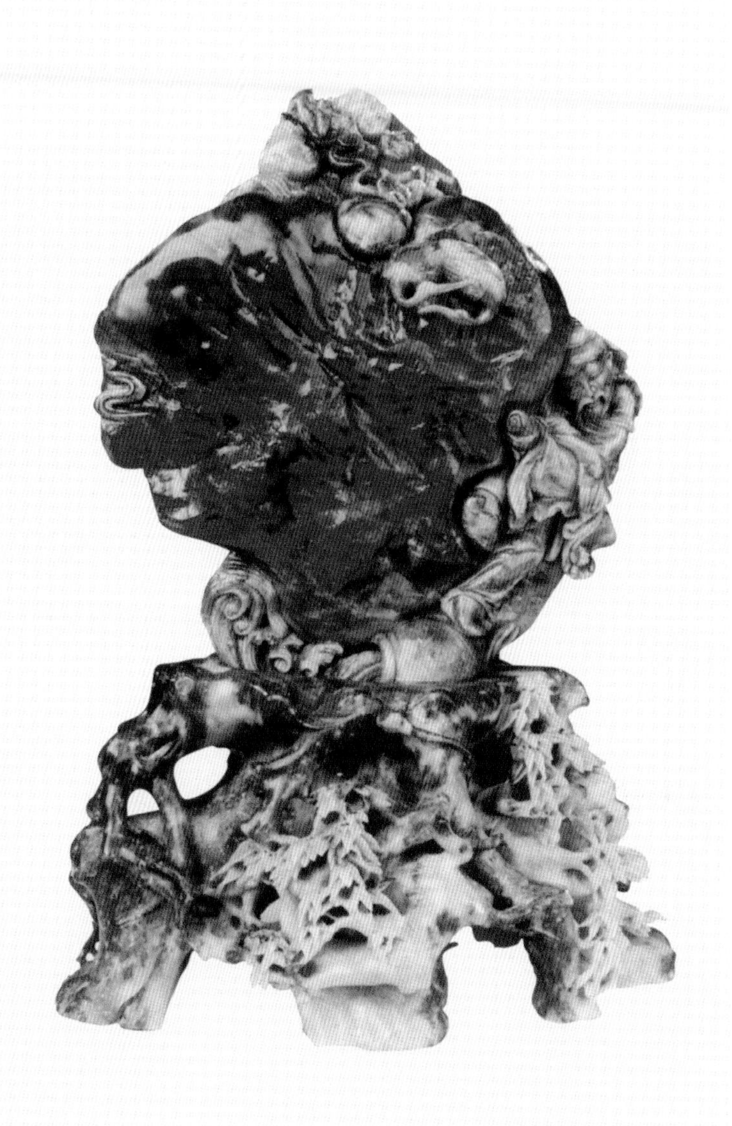

昌化鸡血石《鹤寿千年》摆件

福州福亚工艺品有限公司藏

第四章　旬阳鸡血石

旬阳鸡血石产于陕西省旬阳县境内，红军镇青铜沟和小河镇公馆一带，有三千多年的悠久历史。旬阳鸡血石系列之一的朱砂素为宫庭所采用：历代帝王用于朱笔御批官吏文书，建造宫殿时，选上等的朱砂埋放在地基下面作为镇国安邦、镇殿辟邪之用，还有御医入药、食物保鲜等用途。

旬阳鸡血石分为软地鸡血石和硬地鸡血石，软地鸡血石的成分是叶腊石和白云石共生者，硬度在摩氏 3 度左右，为半透明或不透明，易于手工雕刻。硬地鸡血石的成分是白云石，锑矿石及方解石混生，硬度摩氏 4 ～ 5 度，宜用金钢砂刀具机器雕刻。旬阳鸡血石软地者不多见，一般以硬地为主，品种多达几十种。

旬阳鸡血石

极品有关帝血，色如关公脸，满红无杂质；大红袍，色如印泥，整体通红。

无裂无瑕者，“刘关张”，

以白、红、黑之色相间、鲜艳分明无杂质。

旬阳鸡血石中的辰砂石，古人称丹砂，民间称鸡血晶或者老矿等，含硫化汞成分50%～80%，摩氏硬度为2.5度左右，多见松散多裂，民间一般作为天然奇石摆件、建房镇基、坟墓避邪等之用，也有质地坚实无杂无裂，色彩鲜红半透明，可以制作艺术品者，产量极少，而雕刻难度大，市场上极少有辰砂石艺术品销售。

旬阳鸡血石中的宝砂石，古人称之宝矿石，学名称软红宝石，有颗粒状、片状、蜂窝状等结构，它生长在氧化汞的矿带之中，是氧化汞的结晶矿物，含硫化汞成分85%～98%，摩氏硬度2.7度，它不含其他任何石质，少数带有白云石根，体形不大，常见于数克至数十克之间，百克以上者极少，以形状美、色鲜红、体形大者为上品。

旬阳鸡血石摆件　百财缠身

19×9×13厘米

在品种多样的旬阳鸡血石中，还有鸡血玉。鸡血玉的质地品种很多，有均白地、银灰地、米黄地、紫萝兰地、粉地等，质地和血的部位整体通透，硫化汞的成分高，一般在10%～20%，血色赤多，硬度在6度左右，密度比其他鸡血石高，色泽比其他鸡血石鲜艳，透明度亦比其他鸡血石强和亮，价格亦高。

旬阳鸡血石丰富多彩，有娇艳红媚的鸡血，有胭脂红透亮的鸡血，有紫红祥瑞的辰砂，有宝红晶亮的宝砂，这是天赐旬阳的宝库，也是旬阳的骄傲。

近年来旬阳的鸡血石也在市场上崭露头角，得到了众多藏家们的青睐。旬阳县县委、县政府经过多种有效的宣传途径，着力推介旬阳鸡血石的文化产业，他们提出要形成“南昌化、北巴林、中旬阳”的鸡血石品牌格局。

朱砂石摆件
16×6×23厘米

旬阳鸡血石摆件　四海观音
11×7×17厘米

目前，旬阳鸡血石已不断地得到了专家们的好评和肯定，获得了藏家们的追捧。2012 年 5 月 20 日陕西旬阳鸡血石的拍卖会在西安举行，其中“大红袍鸡血石套印”，以 128 万元人民币的价格成交，上演了“疯狂的石头”的实体版本。

旬阳鸡血石章料

大红袍章料
3×3×8厘米
大红袍章料
2.8×2.8×10厘米

自2011年上半年开始，旬阳鸡血石的身价飙升，涨幅达5～8倍，其中精品的鸡血石价格更是上涨了10～20倍，一时间炙手可热。

旬阳鸡血石是汞锑矿的伴生物，以硫化汞渗透到岩石之中形成，因其色泽鲜红似鸡血而得名。陕西南部山区旬阳县开采汞锑矿的历史可以上溯至秦代。目前旬阳发现的鸡血石矿是迄今为止中国最大的鸡血石产地，被誉为中国汞都，来自海内外的投资者纷纷前来掘金。

当然，目前对于鸡血石(包括旬阳鸡血石)的质地、比重、颜色、硬度、光泽度等量化指标的评判标准还不完善，加之中国艺术品市场投资收藏的热火朝天，其中不乏炒作的成分，所以投资者还须谨慎避免风险。

第五章　鸡血石的制伪和识别

由于昌化鸡血石质佳、色美、价值又高，所以利用昌化石来做假鸡血石牟利早在清代末期，即已有之。近年来，印石市场兴旺，无论是国内还是国外，对我国的印石品种以及石雕、篆刻艺术的欣赏与收藏热潮可以说一浪高过一浪。其中对鸡血石的收藏更是不断地升温，经过商人的“炒作”，其价格已成为“天价”。牟利之徒也用尽各种手法来作伪，其用心之良苦，手法之高妙，真中有假，假中掺真，真真假假，有的已经达到乱真的地步。我们在选择收藏的时候不能不慎察之。

用镶嵌法制成的假鸡血石工艺品

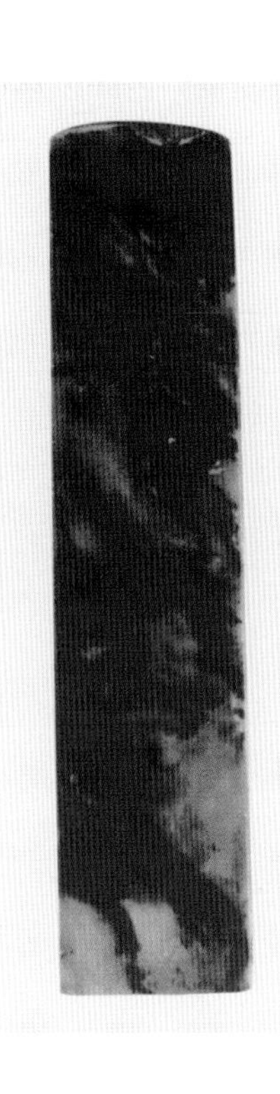

用贴皮法制成的假鸡血石方章

该章 8.2×1.6×1.6 厘米，以昌化白冻地方章为底，在章的六个平面上涂硫化汞彩料，随后将六块极薄的石片用热压法胶粘其上，再把棱角磨光而成。

我们可以仔细地分析比较，该印章的血尽管鲜红欲滴，浓艳非常，但仅停留在一个层面上，没有深度和灵动的感觉。我用手指甲在印章顶部的接缝处轻轻地一扭，即崩下一块薄片，“马脚”尽露。

该类假鸡血印章最怕刀刻，如此一来，立即就会“露馅了”。

现在，矿石原材料在昌化矿里就以拍卖的形式来成交，卖主仅提供一盆清水，买主可以将石浸在水中，看看有无隔纹和外部血色的鲜艳程度。至于石头内部的血的多寡、颜色的浓淡等一任天命，有时室内光线不够，拍卖场上情绪激昂的气氛，往往给买主带来极大的困惑，赌博的色彩很浓。其中难免有假鸡血掺入其中，正常的藏家和商人皆不敢涉足。下面就把鸡血石的几种制伪方法大致作一介绍，希望能成为鸡血石收藏者的一面镜子。

其一，谓镶嵌法。此法从目前来说已经比较陈旧，但清代末期和民国初期的假鸡血都采用此法。过程是采用一质地较好的昌化石章，选择其几面醒目的地方，分别挖出一个大小形状不同，深浅不一的坑，然后用红色的硫化汞块料（即从昌化鸡血矿开采时落下的碎料）蘸胶水嵌入，让其自然干燥后磨平，在镶嵌的细缝处嵌入石粉，再磨平，上光。近代也有以硫化汞涂料嵌入的。镶嵌式的制伪法初级而原始，容易辨认。因为嵌入的鸡血碎料和硫化汞涂料与被嵌的昌化石料对比起来就显得没有层次，和原石的交接处色泽生硬，没有过渡的色阶。

其二，谓浸渍法。取一方昌化石，在需要的地方涂上硫化汞涂料，阴干后再涂，再阴干，使其血稍有层次，然后放在透明的树脂里浸渍，务使周身浸到，干后即成。此法因树脂易老化，日久表皮会发黄，与内部的石色不协调。同时树脂表皮的“毛孔”比较粗，用放大镜仔细观察，表面有一点一点的细小棕眼，若人皮肤上的汗毛孔，而真的昌化鸡血石打磨后，光洁透亮是没有“毛孔”的。如果浸渍后的树脂有一小角翘起，用手轻轻一撕，就像

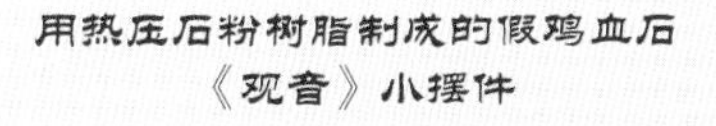
用热压石粉树脂制成的假鸡血石《观音》小摆件

该假鸡血石观音摆件5.5×3.4×1.2厘米，血量多血色糊而不鲜，层次不清，动感不足，虽红、黑两色相间，但两色的交接处不自然，尤其是右侧中间露出地子的部分，完全是透明树脂固化后的样子。

该假鸡血石手感重量轻，扣之声音不脆如塑胶。用刀刻之亦无天然的石性。

该观音小摆件，鸡血系伪制，而雕刻倒是手工，当然，该类假鸡血亦有用翻模法制成后，再略施雕刻的。

蛇蜕皮一般，整张的树脂能全被撕下来。此种假鸡血石，市井摊子上比比皆是，知道此法后，一见就可辨认。

近年来科学技术迅猛发展，新一代的树脂品种不断地出现。一种新颖极薄、高透明度、耐老化的树脂被应用到造假鸡血石的技术上，即按上述步骤选择真的血色较淡、血较少的方形鸡血石章，在其上再适当的涂上硫化汞红色，然后上树脂，磨光。这样真假血色混杂，又有层次，就较难辨认了。

用黏合法制成的假鸡血石《寿桃》摆件

该摆件12×12.4×10厘米，形态硕大，满身是血，可谓大红袍，但是血都在一个层面上，血形“死”，无生气，仅红白相间的两种色彩。

该鸡血桃实际上是以多块石料黏合而成的，在表面又人工涂上一片片硫化汞的涂料，仔细观察，在照片上也可看出树脂粘合垫补的痕迹。如果用手在其上慢慢地抚摸，就有一种黏乎乎的树脂感觉。

奸商用其坑害人，我们不可不察，必须慎以待之。

其三，谓切片贴皮法。此为20年前创出的方法，据说此法来自澳门。有一位姓陈的石章商人，他采用当时先进的切割机器，把方形石章的六个平面分别切割出六个其薄如纸的平面，于其需要的地方涂上硫化汞涂料，待晾干后再用热烫的办法拼合，用胶水把原来六个切割下来的平面按原样贴上去，然后再用细码水砂纸掺油把薄片与胶合处的线角磨光。这样的鸡血红色看起来生在石皮的里面，而且分布自然，但血的层次毕竟只能停留在一个平面上，血的走向往往也会出现紊乱。此类石章只局限于正方形或长方形，圆形、椭圆形、畸形、带钮的、薄意浮雕的石章却不行，也无法截断和刻边款，因为这样一来，薄片烫贴的痕迹就显露出来了。

其四，谓添补法。即是在真的昌化鸡血章上，再添加硫化汞涂料，并在添补的部分和

近代红珊瑚雕的《白眉寿星翁》

这不是鸡血石刻，虽然除了寿星的白胡子、白眉毛外浑身一色红，但它的质地坚硬而脆，上有“指纹”和“蛀洞”，结构紧密，较之鸡血石来得重和凉。因为它是海底（台湾海峡、地中海、日本海）珊瑚虫等有机物尸体堆积后形成的化石，与鸡血石有着本质的区别。

周围再施以浮雕，用图案和刀法来掩盖添加上去的硫化汞假红色，磨光后即成，这叫锦上添花。这类方法血中加血，不但是石章，在其他鸡血石的山子摆件中都有出现，这种方法不但增加了血色，而且还掩盖了石中原来存在的如隔、钉、壳风、品相差等疵病，使其价格大增，并且真真假假，使人眼花缭乱，稍一疏忽便会上大当。

其五，谓拼裹法。此法用于中件和大件的鸡血石摆件。昌化鸡血石本是稀有之物，而大块鸡血石更属凤毛麟角，制伪者往往取一小块、一小块的鸡血，中间裹一块无血的昌化石或青田石，用胶水拼裹起来，在小块鸡血的拼缝间有的嵌以硫化汞，有的施以工艺，刻上一些云彩、海水、山石之类，以蔽拼接之痕，最后整体再磨光、修正。此类鸡血摆件价格高昂，制伪者心狠手辣，往往每件都要价几万和几十万元。

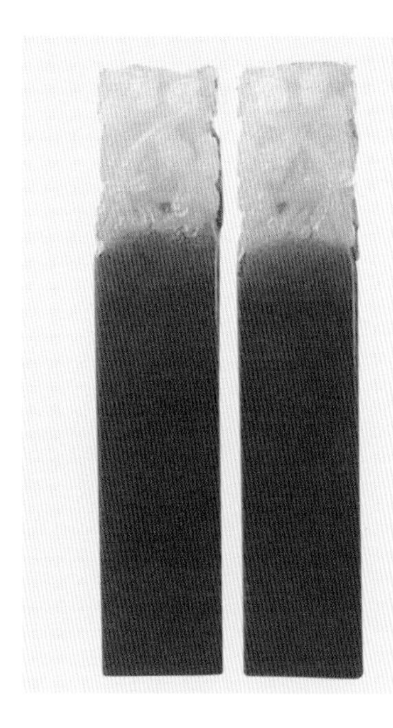

近代寿山红杜陵雕钮对章

图中红白相间的方对章不是产于浙江昌化的鸡血石，亦不是内蒙古巴林的鸡血和彩霞，而是产于福建寿山的杜陵坑石。

该杜陵色石极佳，质亦细，它产于山间围岩的夹板之中，无厚料，质脆硬、紧密，不如鸡血（昌化）的韧练。图中的红杜陵红、白均为一色，无层次，当然亦不是硫化汞的化合物。故不怕阳光、温度的氧化作用。

该红杜陵质纯净难得，价亦不菲。

用上述几种制伪方法制成的假鸡血没有银斑（汞中含铅质的一种自然光泽），色度深浅不匀，没有过渡色，线条花纹不自然，排列不符合鸡血的自然规律。我们凭肉眼仔细观察，再进行分析对比即可洞悉真伪及其制伪的手法。

其六，谓压制法。这是近年来鸡血制伪的一种新方法，它基本克服了上述制伪的弊病，比较难以识破。它是用石粉拌胶水用高压法制成。此法其实早在20世纪70年代日本就已有之，但延用此法制成的鸡血石却还是20世纪90年代末才开始出现的。它的特色是除了在石粉中拌和硫化汞的红色原料外还可加上少许石英质的小颗粒，像真昌化鸡血石含“钉”一样，使人感到它的硬度不一致，如真的一般。同时它还可加入少量的黑色或其他色彩的石粉和金属碎屑，使之自然的、如条纹状的“结晶”在压制而成的鸡血石上。压制的方法有热压，亦有液压。由于加热加压，硫化汞红色中的铅质也能自然地泛现到表面来，在血色上形成片片银斑。若压力在200公斤（大气压）左右，则制成的假鸡血石，刀刻上去还较松软，如带泥性之石。如果再提高压力，升到300至400公斤（大气压）时，假鸡血石的硬度就完全可以同真鸡血石“媲美”了。

由于当代科技的进步，制假鸡血石所用的树脂胶水也有了很大的改进，以前的黏乎乎的塑料性质的手感已经不存在，取而代之的是脆硬，鸡血的分布也显得有表里、有层次、有聚散、有条状、有块状和星星点点的比较自然，在鲜红的血色之外，地子的色彩也多丰富，并间有杂质，但更多的是伪造冻地。

那么，我们怎么来识别它呢？第一，假鸡血石的手感分量比真鸡血石略轻，这是天然石与人造石的重要区别。毕竟它们分子的排列结构、形成的时间与条件不一般。第二，假鸡血石的石性尽管经改进有脆硬之感，但若把它放到玻璃桌上轻轻地敲击，其声如电木（从前用来制作电灯的开关），过于的脆硬，与用同样方式对真鸡血石的撞击声有异。第三，用此种方法制成的假鸡血石无筋无隔，地子过分的通透，给人感觉到一股“妖”气。第四，可以用小刀来检测，天然鸡血石用小刀轻刮，其粉末为白色；而红油漆仿冒的鸡血石有韧性，小刀不易刮成粉末，粉末亦为红色。

科学技术在日新月异地发展，鸡血石制伪的手法、技术、原料也在不断地变换，使鸡血石的鉴赏和收藏变得“扑朔迷离”。所以，我们若在遇到高档的特别好的鸡血石章时，心中就必须联系到鸡血石的伪品和制伪手法，多作比较分析，切勿过于激动和心血来潮，只有胆大心细，方可避免“大意失荆州”。

鸡血石及其仿制品的鉴别

质地		天然鸡血石	人造仿鸡血石	仿鸡血石
地	颜色	多种多样	色调单一，常为乳白或灰黑色	常为白色或浅黄色
	成分	地开石、高岭石为主	人造树脂塑料，密度小	地开石、滑石、大理石等
	透明度	各个部分变化大，从透明到不透明	相当均一，常为微透明	较均一，常为不透明
	绺裂杂质	常有绺裂，杂质为石英、黄铁矿及残留原岩等	无绺、无裂、无杂质	杂质随成分而变化
血	成分	辰砂，少量赤铁矿	颜料	颜料
	辰砂特征	可见辰砂晶体晶面反光，红色从不同深度透出	无辰砂晶体，只有颜料颗粒，无光性反应	无辰砂晶体，只有颜料颗粒，而且只涂在表面
	形态	自然，受裂控制，随裂而变	不自然，与裂无关，留有人工痕迹，常无点血	不自然，虽有裂但与血无关。有人工痕迹，无点血
	丙酮试验	不反应	地和血可能被溶解	血可能被溶解
	热试验	血色迅速变暗	血色不变，超过300℃，地可能软化或熔化、燃烧	血色不变

第六章　鸡血石的辨析方法

知道了鸡血石制伪的几种方法之后，在实际的收藏过程中如何来辨析呢？

一、辨

辨别鸡血石的性质、真伪，目前用的还是传统的经验辨别法，即“闻、问、看、抚、磨、刻”六个字。

“闻”，即知识、见闻；“问”即询问、学问，这是辨别印石的基础。鉴别鸡血石，光凭一知半解和道听途说是不行的。例如昌化鸡血石与巴林鸡血石与寿山石系列中的朱砂红高山；昌化鸡血石中的新坑与老坑；老坑中的明坑鸡血与清坑鸡血等，它们各自的质地、韧性程度、紧密程度等都是不一样的。若是精于印石镌刻者，用刀角触石，一试便知。所以，要多听、多看，勤学好问。

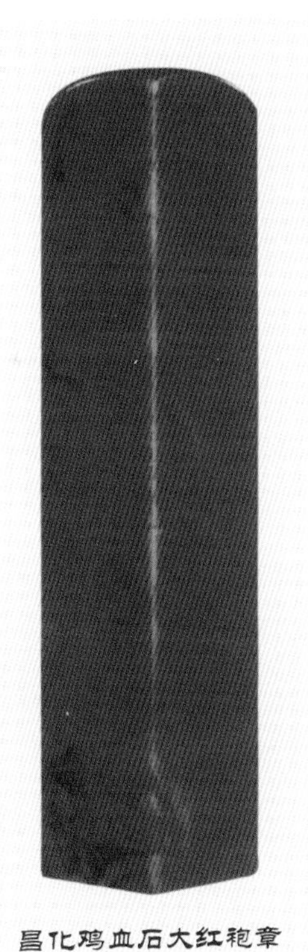

昌化鸡血石大红袍章
3.5×3.5×10厘米

“看”和“抚”是辨别鸡血石的关键。“看”指观察鸡血石的颜色、花纹的形态。前面已经讲到过昌化鸡血石的地子依次有冻地、软地、钢地和硬地几种，鸡血的血色和形态也各不相同。各类不同的鸡血石，它们的矿物质的构成，所受地质运动的作用也是不同的。掌握了鸡血石的共性和个性的特点，把鸡血石拿在手里一看便能知晓。“抚”是指手感，凭手感辨别印石的硬度、重量、质地粗细以及油润干燥与否。

“磨”和“刻”，是辨别鸡血石的最可靠的方法。“磨”，指制作工艺的技术，即磨细、磨光。它的肌理质地，是硬性还是软性，是否含砂和钉（石英的小颗粒），只有经打磨、琢刻之后才能知道。“刻”，指检查鸡血石是适宜镌刻，还是需用琢玉的方法来制作。当然最好是能练就手抚掂量的方法，因为这种方法更适用于收藏时的实践。

昌化鸡血石《火炬》对章

鸡血石的辨别主要是凭经验，这需要多见识，多实践。当然，对于鸡血石的知识和学问、趣事、名家逸事等，多掌握了解一些，研究得深一些，对于鸡血石的鉴赏与辨别也是很有帮助的。

二、析

品评鸡血石和鸡血石的印章、雕刻件的价值高低，第一是看它的质地（包括血的颜色、血的多少、地子的优劣、品相的好坏）。旧时文人多喜欢收藏和使用鸡血石制成的印章，不加印钮，并且多有请名家（著名篆刻家）刻印的。鸡血石的种类很多，品位高低各异。

第二是看鸡血石印章的篆刻章法和刀法（包括边款）。名家治印之所以备受青睐，也就是因为在他们的作品中有许多金石气息，诗文句子值得欣赏和玩味，有时在它的边款中也可以看出作者创作时的时代背景、创作思想和动机，以及鸡血石印章的流传轨迹等。

第三是看鸡血石的雕刻（以摆件为多），看它是否生动、自然，能否掩疵显瑜，或者章法、刀法是否出于名家之手等。

新坑昌化牛角地鸡血方章

该章6.6×1.6×1.6厘米，血色鲜艳，若刚宰杀的鸡滴下来的鲜血，鲜、活、凝、厚诸优点具备，且品相极佳，四角方方，宜于收藏与实用。

该方章为黑色牛角冻地，鸡血在其上红黑相间彼此掩映衬托，光彩夺目，同时鸡血的分布如变化多端的云层，如蛟龙猛兽，如山峰层林……

该章无包浆，但质细而韧，无钉、隔和杂质。

第四就是看鸡血石的主人，看主人在历史上，在当时的社会中是否有名望。以上四者，只要具其一，便能受到古董商和收藏者的垂爱，更不用说是四占其三，或四者具备了。此类鸡血石因此也就更显得弥足珍贵。

昌化鸡血石黑地牛角冻六面血方章

该章2.2×2.2×10.3厘米，是一方老坑新采的鸡血石。血量大，鲜红艳丽夺目，六个章面都有血如红云朵朵，变化万千，中间有山、有水、有树木……有许多许多的图画。血色活动，从里到外，从外向里变化多端，地子纯黑，细腻紧密，把鲜红的血色映衬得更加娇艳，并且无隔无钉，浑然一体，一见便会使人爱不释手，价格也较昂贵。

昌化鸡血石《童子戏弥勒》摆件

福州福亚工艺品有限公司藏

昌化鸡血石《猪八戒访问花果山》摆件
27×43厘米　福州福亚工艺品有限公司藏

昌化鸡血石《八仙》摆件

福州福亚工艺品有限公司藏

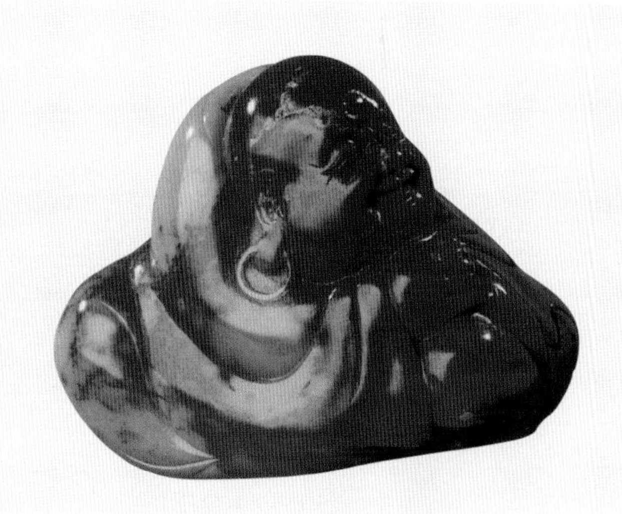

昌化鸡血石《小沙弥》小摆件
福州福亚工艺品有限公司藏

昌化鸡血石《刘海戏蟾》小摆件
福州福亚工艺品有限公司藏

昌化鸡血石《长眉罗汉》小摆件

福州福亚工艺品有限公司藏

昌化鸡血石《鱼》

9×25厘米　福州福亚工艺品有限公司藏

昌化鸡血古兽钮方章

6×6×9厘米　福州福亚工艺品有限公司藏

昌化鸡血石《女娲补天》摆件

福州福亚工艺品有限公司藏

第七章　鸡血石的养护

鸡血石的养护与其他印石与雕刻石材的养护不完全一样，属于另外的一种门路。因为无论昌化鸡血石还是巴林鸡血石，它们都是硫化汞的化合物，硫化汞易氧化而变暗，而失去“鸡血”般的鲜红色彩。所以，鸡血石的养护主要是使“鸡血”的红色保持鲜艳。鸡血石的红色变暗，用细号油砂磨去一层青皮，鲜红色彩便又显露。磨去一层是很容易的事，但有两个问题很难解决：①旧鸡血石的外部都有一层包浆，磨去一层势必把包浆也磨掉了，这样旧“鸡血”就变成新“新血”了；②有些鸡血石印所表现的星星点点的散血，本来就不集中，并且是薄薄一层，倘若磨去了一层，势必“失血”过多。这是打磨鸡血石时必须注意的。

其实，鸡血石最忌长时间地在阳光或强烈的灯光下照射，有的商场和宾馆为了起到宣传和炫耀的效果，在橱窗里陈列了一方方、一件件鲜红的鸡血石章和鸡血石雕刻件，让阳光和强烈灯光长时间照射，这是十分愚蠢的做法。因为，过不了多久被陈列的鸡血石表皮必定色泽变暗变黑，失去原有的诱人魅力。

同样，鸡血石也忌长时间地放在手中把玩，或放在脸部、鼻梁间摩挲或让它接触油腻，因为这样做势必加速鸡血石的氧化过程。

还有，我们在欣赏鸡血石印章和雕刻件的时候，彼此互相传递应小心轻放，切忌放到桌面上推搡，因为原来打磨细腻光亮的娇嫩的鸡血石表皮与桌面摩擦会发毛。

昌化鸡血石质地细腻、坚密，带有韧性。制成印章后，只须放进盒内或套内即可。巴林鸡血石具有巴林石的一般特性，需用油封和脂封来养护。有些鸡血石和旧的印石，不加任何的雕琢，质姿俱佳，显示了印石的自然美。在这种情况下，收藏者无须照搬“佳石配良工”那一套，否则“画蛇添足”，适得其反。这也是鸡血石养护中常出的傻事。

在印石的收藏中，许多人都追求旧石，这就产生了以新石做旧包浆的行当。方法是用清洁的白布摩挲出“老光”，这种情况被称之为“武打”。还有一种方法是用手反复摩挲、把玩，终日不离开，这样所呈现出的光泽被称之为“文打”。然而“文打”、“武打”出的光泽，终究不如年久而呈现的自然包浆那样古朴，那样大方。

按鸡血石的特性来说，我认为“文打”、“武打”都是不合适的，只能慢打细磨，一任自然。

昌化鸡血石方章
4×4×15厘米　2.5×2.5×10厘米
福州福亚工艺品有限公司藏

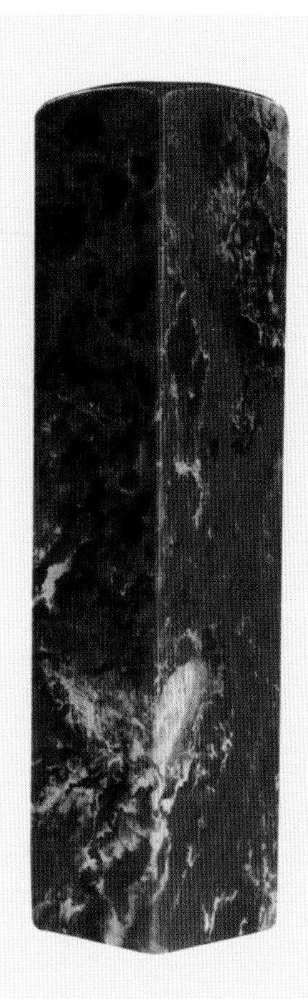

昌化鸡血石方章

4×4×15厘米

福州福亚工艺品有限公司藏

昌化鸡血石方章

4×4×15厘米

福州福亚工艺品有限公司藏

第八章　桂林鸡血玉

20世纪末在广西桂林周边发现了一种叫鸡血玉的新物种。桂林鸡血玉产于广西龙胜县，形成约十亿年前，属硅化玉，凸显红色。玉质细密，凝润，硬度为摩氏6.5～7度，抛光后呈玻璃光泽，是雕琢工艺美术品和艺术品的良材。

桂林鸡血石玉原石

在人们的传统概念中，新疆的和田玉、辽宁的岫岩玉、河南的独山玉、湖北的绿松石被誉为中国的四大名玉。但是在这四大名玉中，呈现出血红色者却没有，这无疑使得广西桂林的鸡血玉在玉石领域中占有了一席之地。与印石中的鸡血石相比，由于导致红色成因的不是汞，而是有助于人体健康的“三价铁”，因此更适合人们的长期收藏和观赏，艺术效果也更加持久。

鸡血玉中鸡血的浓淡、结构、形态、分布、血量的多少，血

桂林鸡血玉摆件

桂林鸡血玉摆件

桂林鸡血玉摆件

桂林鸡血玉摆件

脉的走向等变化万千，天造地设，非常适合因材施艺，可以让艺术家根据自己的设计，让天工与人工巧妙地结合、雕刻出独一无二的精品力作来。

鸡血玉是古板块缝合带深海底火山沉积变质的产物，形成年代距今约8亿～12亿年，品种丰富，石色以鸡血红为主色调，故称“桂林鸡血玉”。虽然它是近年才被开发出来的新品种，但是在很短的时间内，有着10亿岁年龄的玉石“新秀”桂林鸡血玉以其独特的美丽风姿，立即成为了藏家们收藏的“新宠”。

这里用中石网玉瑞夸赞桂林鸡血玉美色的诗来表达藏友对这一“新宠”的喜爱程度：“丹霞万缕日升东，沁染玉石鬼神功。只恨丹青无妙笔，难述桂林鸡血红。”

鸡血玉与鸡血石的外观尽管相近，大多以黑底红血为主，兼杂其他颜色，然两者的地质结构却完全不同。

桂林鸡血玉方章

鸡血玉是石英岩、玉髓和赤铁矿的集合体，其中“血”为赤铁矿，对人体无毒无害，摩氏硬度6.5～7度。

鸡血石主要矿物质系辰砂（硫化汞），除血以外的“地”的主要矿物为地开石、高岭石、叶腊石、明矾石等。鸡血石产于浙江昌化、内

桂林鸡血玉

蒙古赤峰市巴林右旗、陕西旬阳县等地，然现今的矿源将近枯竭，其价格相当的高，一块上佳的鸡血石印章和摆件雕刻，价格可达成百上千万元。而鸡血玉产于广西桂林龙胜县三门镇，由于刚处于开发期，目前的价格还不高，一般在几千至十几万元间，自2012年中国—东盟博览会确定为国礼以后，价格急骤上升，在当年9月23日的拍卖会上，桂林鸡血玉雕的中国龙拍出350万元，桂林鸡血玉关公拍出590万元，突破了鸡血玉拍卖历史的最高价。由此可见，收藏桂林鸡血玉的升值潜力是巨大的。